A SON EXCELLENCE
Ministre de l'Agriculture et du Commerce

RAPPORT

DE LA

COMMISSION DÉPARTEMENTALE

DE L'HÉRAULT

INSTITUÉE POUR ÉTUDIER LA NOUVELLE MALADIE DE LA VIGNE

Connue sous le nom de

POURRI DES RACINES

PAR

Edmond DUFFOUR
(De Béziers)
Secrétaire-Rapporteur

MONTPELLIER
TYPOGRAPHIE DE PIERRE GROLLIER, IMPRIMEUR DE LA SOCIÉTÉ
D'AGRICULTURE, RUE DU BAYLE, 10

1869

A SON EXCELLENCE

Monsieur le Ministre de l'Agriculture et du Commerce

RAPPORT

DE LA

COMMISSION DÉPARTEMENTALE

DE L'HÉRAULT

INSTITUÉE POUR ÉTUDIER LA NOUVELLE MALADIE DE LA VIGNE

Connue sous le nom de

POURRI DES RACINES

PAR

EDMOND DUFFOUR
(De Béziers)
Secrétaire-Rapporteur

MONTPELLIER
TYPOGRAPHIE DE PIERRE GROLLIER, IMPRIMEUR DE LA SOCIÉTÉ
D'AGRICULTURE, RUE DU BAYLE, 10

1869

A SON EXCELLENCE
MONSIEUR LE MINISTRE DE L'AGRICULTURE ET DU COMMERCE

RAPPORT

DE LA

COMMISSION DÉPARTEMENTALE DE L'HÉRAULT[1]

Instituée pour étudier la nouvelle maladie de la vigne, connue sous le nom de POURRI DES RACINES

La Commission instituée par M. le Préfet de l'Hérault, à l'effet d'étudier la nouvelle maladie de la vigne connue sous le nom de *pourri des racines*, et plus communément sous celui de maladie du *puceron*, vient de se réunir pour résumer le résultat de ses recherches et en préciser les conclusions.

Dès l'abord, la Commission s'est assurée que la maladie n'existait pas dans le département de l'Hérault, et elle s'estime heureuse de faire connaître que, jusqu'à ce moment encore, cette immunité lui est restée.

Pénétrée cependant de l'importance de la mission qui lui était confiée, et des devoirs de la solidarité qui doit

[1] La Commission était composée de MM. Henri Marès, président; Gaston Bazille, Daube, Golfin, Planchon, Sahut, Louis Vialla, Edmond Duffour, secrétaire-rapporteur.

unir tous les agriculteurs, en présence de la gravité si marquée de la maladie et de ses conséquences possibles, elle a demandé à aller l'étudier dans les régions où elle sévissait.

Plusieurs des membres de la Commission se sont transportés à diverses reprises en Provence, portant leurs investigations sur les points les plus attaqués, prenant une part active aux conférences, divulgant ce qu'ils savaient, s'éclairant de tous les renseignements qu'ils pouvaient recueillir.

Un certain nombre a eu la bonne fortune de pouvoir se joindre à la Société des Agriculteurs de France dans ses intéressantes explorations; d'autres, moins heureux, n'ayant pu s'y associer, s'y sont rendus isolément; chacun, enfin, a fait de son mieux pour concourir, dans la mesure de ses forces et de ses moyens, à la solution d'un problème auquel il sentait qu'étaient attachées deux grandes questions : les conditions vitales de toute une région compromises et l'avenir de la vigne mis en péril.

A la tête des plus ardents et des plus infatigables, la Commission croit remplir un devoir en signalant M. le professeur Planchon.

Persuadé que la connaissance des mœurs des insectes est le moyen le plus direct d'arriver à les atteindre et à les détruire, il a repris pour le Phylloxera qu'il croit être la cause de la maladie, les belles études trop longtemps interrompues des Réaumur, de Geer, Pierre Huber et Bonnet de Genève.

D'intéressantes observations et l'histoire consciencieusement étudiée des mœurs, de l'organisation et de la reproduction du Phylloxera, ont couronné les recherches de notre éminent collègue. La science gardera le souvenir des services qu'il lui a rendus, et dont sa modestie seule veut ignorer l'importance.

Le travail qu'il va publier à ce sujet et où sont réunies toutes ses observations et ses découvertes, sera joint à ce rapport; y seront joints aussi les travaux individuels publiés par les membres de la Commission; et, la part coopérative de chacun dans l'œuvre commune mise ainsi en évidence par lui-même, le rapporteur n'a plus qu'à résumer en peu de mots les conclusions collectivement adoptées sur les principales questions posées à la Commission, en indiquant toutefois les divergences qui se sont manifestées sur quelques-unes.

Nature et caractère de la maladie. — Les symptômes de la maladie sont trop connus, et ils ont été trop souvent décrits, pour que nous ayons à les reproduire ici. Les mêmes caractères accompagnent partout son invasion et ses moyens de propagation.

La Commission est unanime à reconnaître qu'elle a pour caractère spécial et simultané la présence d'un puceron sur les racines de la souche, ainsi que leur pourriture.

Cet insecte, découvert le 15 juillet 1868, à la Crau de Saint-Rémy, par MM. Gaston Bazille, Planchon et Sahut, délégués de la Société d'Agriculture de l'Hérault, a été classé par M. Planchon dans l'ordre des Hémiptères et plus particulièrement dans le sous-ordre des Homoptères, et désigné par lui sous le nom scientifique de *Phylloxera vastatrix*.

L'action désorganisatrice du Phylloxera se produit, d'après ce savant observateur, par des hypertrophies qui se développent sur les racines à la suite de sa piqûre. Ces nodosités détermineraient l'afflux de la sève sur ce point, en la détournant de son cours habituel, et y créeraient des centres de vitalité qui conservent encore un reste de vie, lorsque les autres parties de la vigne entrent déjà en décomposition.

De là viendrait que ces points sont les derniers abandonnés par le puceron ; la surexcitation de vitalité dont ils sont le centre ne profiterait pas à la plante, qu'elle épuise, mais seulement au parasite.

Le puceron par sa prodigieuse facilité de reproduction est considéré comme l'agent spécial de la propagation de la maladie. M. Planchon a déjà signalé quelques-uns de ses moyens de multiplication, et tous les jours ses observations s'enrichissent de quelque fait nouveau sur cet important sujet.

Sur la question du puceron considéré comme cause unique, quelques dissentiments se sont produits au sein de la Commission. Ce point ayant été fort discuté et se rattachant d'une manière plus ou moins directe à la plupart des questions posées à la Commission, nous le traiterons, avant de finir, avec tous les développements qu'il comporte.

Influence du climat et de la température sur la maladie. — L'année 1868, qui a été signalée par les effets simultanés d'une sécheresse d'hiver tout à fait anormale et par des froids excessifs, a coïncidé avec la grande invasion de la maladie.

Il est à remarquer néanmoins que des contrées limitrophes de celles où la maladie a éclaté, par exemple le Languedoc, ont été atteintes de froid et de sécheresse sans que les vignes aient été malades.

On constate de plus, que la maladie de la vigne s'est développée pendant la même année 1868 simultanément sous le climat méditerranéen et sous le climat océanique de la Gironde, mais qu'elle est encore peu répandue dans ce dernier, tandis qu'elle a fait de grands ravages dans l'autre.

En 1869 aussi, dans des conditions de sécheresse très-variables, on a vu la maladie se maintenir et même augmenter sur des points précédemment attaqués.

Deux opinions ont surgi de cet ensemble de faits, dans la Commission, l'une qui admet que les conditions climatologiques, et que les effets du froid et de la sécheresse ont une influence sur le développement et la marche de la maladie, et l'autre qui ne l'admet pas.

Quant au Phylloxera, le froid et la sécheresse n'ont pas empêché son immense propagation dans les vignobles envahis.

Influence du sol. — La même incertitude règne sur l'influence du sol.

Consultés sur la nature des terrains qu'ils avaient reconnus comme les plus attaqués, les membres de la Commission ont successivement désigné les dépôts argilo-calcaires, à sous-sol imperméable, non drainés, les poudingues, les terres maigres à cailloux roulés, les sols mouilleux en hiver et secs en été. C'est donc presque toutes les natures de terrain qui sont susceptibles de contracter la maladie.

Il faut cependant consigner ici un fait relevé par tous ceux qui l'ont vu, et qui est de nature à jeter quelque jour sur les influences du sol.

Dans la commune de Graveson, au domaine du Mas de Fabre, appartenant à M. Faucon, au milieu d'une vigne de 8 hectares plantée en un terrain argilo-calcaire, se trouve environ un demi-hectare où l'on rencontre le sel marin en excès. Cette parcelle a seule été préservée de la maladie, qui a ravagé la vigne entière, *et apparaît comme un ilòt vert*, dit M. Faucon, *au milieu d'un champ dévasté par l'incendie.*

M. Marès attribue une grande importance à la nature des terrains; ses études ont pris cette direction. Il est possible qu'il arrive à quelque résultat, mais il n'en est jusqu'à présent qu'aux généralités.

Quelques faits encore de la nature de celui que nous venons de signaler, et il pourrait peut-être parvenir à fixer, d'une manière certaine, des lois naturelles sur lesquelles il attire actuellement l'attention des agriculteurs.

Il est aussi, à l'appui de l'influence des terrains, une observation familière à tous ceux qui se sont occupés d'horticulture; c'est que, lorsqu'on met une plante à végéter dans une terre qui ne lui convient pas, un des effets les plus ordinaires de l'état de souffrance où elle se trouve, est d'attirer sur elle de nombreux parasites, tels que Pucerons, Kermés, Thrips et Acarus. Le rempotage dans une terre plus appropriée aux besoins nutritifs de la plante, en la remettant dans ses conditions normales de végétation, suffit le plus souvent à en éloigner les parasites.

Nous ne nous arrêterons pas sur les conséquences d'un prétendu épuisement du sol. Le reproche est vieux, et n'est pas usé, paraît-il, bien qu'on s'en soit servi souvent et à tout propos.

Columelle croyait nécessaire, au début de son livre sur l'agriculture, de réhabiliter la terre du reproche, qu'on lui adressait déjà de son temps, d'être devenue stérile pour s'être épuisée à produire. Plus de dix-huit cents ans se sont écoulés depuis lors, et si l'époque d'appauvrissement et de stérilisation complète du sol, prédite plus récemment par le chimiste Liébig, doit un jour arriver, ce ne sera pas dans un temps sur la proximité duquel nous ayons encore à nous alarmer.

Peut-on, du reste, regarder comme épuisés des terrains qui, vierges encore de vigne, il y a peu de temps, et plantés sur des défrichements de chênes verts, sont cependant plus particulièrement infectés de la maladie, comme on en trouve tant en Vaucluse?

La Commission reconnaît pourtant que, toutes conditions égales d'ailleurs, les terrains de bonne nature, à sous-sol perméable et profond, tenus en bonne culture, soutenus par des fumures suffisantes, offrent une bien plus grande garantie de résistance à la maladie.

M. Marès croit aussi beaucoup à l'efficacité du soufre, dont les qualités stimulantes pour la végétation sont, du reste, bien connues[1].

Moyens curatifs. — Depuis le moment où la découverte du puceron a été faite et où son rôle de destructeur de la vigne a été bien compris, les recherches des moyens curatifs, vagues et indéterminées jusque là, ont pris une direction plus assurée; tous les efforts se sont concentrés sur l'extermination du puceron.

M. Gaston Bazille adressait alors à l'agriculture ce chaleureux appel : « Multiplions les recherches, les » essais ; que les hommes de pratique, que les hommes » de science se réunissent dans un but commun ; le » succès couronnera leurs efforts. Un puceron ne sau- » rait tenir en échec les forces vives d'un grand » pays. »

L'appel a été entendu; tous les chercheurs se sont mis à l'œuvre; la publicité la plus large a été donnée à

1 Voir, dans les *Bulletins* de la Société d'Agriculture de l'Hérault, les articles dans lesquels M. Marès recommande l'emploi du soufre et des engrais pour combattre la maladie de la vigne; ils sont aux dates suivantes : 1° *Conférence de Carpentras,* le 13 juillet 1868; 2° *Note sur la maladie de la vigne*, du 27 août 1868; 3° lettre du 2 décembre 1868. M. Marès a recommandé les mêmes moyens aux Congrès de Montpellier, d'Aix, de Lyon (séance du 25 avril 1869), à la Société d'Agriculture de Bordeaux, le 17 juillet 1869. Voir, en dernier lieu, la communication faite à l'Académie des Sciences, le 8 novembre 1869, sur les transformations du soufre répandu dans les vignes par le soufrage.

quiconque a eu des indications à fournir ; le Ministre de l'Agriculture, à qui ont été adressés directement de nombreux procédés de guérison, a pris à tâche de n'en laisser passer aucun, même les plus empiriques et les plus insensés, sans les soumettre à des commissions compétentes, et cependant rien ne paraît encore avoir été trouvé.

Il faut bien reconnaître aussi que la tâche est d'une difficulté peut-être insurmontable.

Qu'on se représente le réseau inextricable de racines qui occupe le sol arable et le sous-sol d'une terre plantée en vigne. Qu'on admette pour un instant que, par une réussite qu'on ne peut espérer, il fût possible d'atteindre une partie importante, fût-ce la moitié, des insectes pullulant et fourmillant dans ce réseau ; avec les prodigieux moyens de reproduction qu'on leur connaît, le mal sera-t-il sensiblement atténué ?

L'agent asphyxiant ou délétère qui, en infectant ou stérilisant le sol tuerait le puceron, pourra-t-il produire son effet dans la profondeur de la terre où celui-ci se cache, et l'acide versé au pied de la souche pour le détruire, à moins qu'il ne perde, en s'infiltrant dans le sol, l'action corrosive qui fait son efficacité, épargnera-t-il les racines, si faciles à se désorganiser à son contact ?

Le fait fût-il trouvé scientifiquement, doit-on espérer qu'il pût jamais passer du laboratoire dans la pratique, et peut-on se dérober à un sentiment de tristesse et de découragement en pensant à l'insuffisance des moyens cherchés ?

Nous n'énumèrerons donc pas tous les systèmes mis

en avant pour détruire le puceron, parce qu'aucun n'a donné de résultat authentique assez décisif pour qu'on puisse en reconnaître et en recommander l'efficacité.

Mentionnons, toutefois, pour ce qu'il a de logique et de rationnel, l'essai de M. Faucon d'employer à haeut dose l'engrais alcalin sulfatisé de l'étang de Berre. C est sur la préservation de la partie salée de sa vigne, dont nous avons parlé plus haut, qu'il a basé cette tentative. Il combine aussi ces engrais avec des irrigations abondantes.

Est-ce à l'ensemble de ces moyens ou à l'un d'eux isolément qu'il faut attribuer la conservation, d'ailleurs imparfaite, de ses vignobles? La Commission n'a pas encore pu recueillir des observations assez précises pour se prononcer là-dessus.

Le Phylloxera est-il la cause unique de la maladie? Si on admet l'action des causes générales préexistantes ou concomitantes, quelle peut en être l'importance? — Si nous inscrivons sous forme interrogative et dubitative cette importante question, c'est qu'elle a divisé et divise encore la Commission.

Elle a donné lieu, dans la presse agricole et dans les conférences, à des polémiques animées, dont la vivacité prenait sa source et trouvait son excuse dans les sentiments hautement avouables de l'ardeur dans les recherches et de la sincérité dans les convictions.

Dès la découverte du puceron, elle est apparue comme un point fondamental qu'il fallait absolument fixer avant de songer à aller plus loin, et cependant, bien qu'elle ait été cherchée opiniâtrément par les hommes les plus autorisés et éclairée par de longues controverses, le doute subsiste encore sur ce sujet dans la Commission.

Voici comment s'est posée la question dès le début : « Le puceron est il la seule cause de la maladie? Dans » ce cas, cherchons avant tout à le détruire. S'il n'est, » au contraire, qu'une affection parasitaire dérivant » d'une cause préexistante, cherchons cette cause pour » arriver plus sûrement à supprimer la maladie qui en » est la conséquence. »

La question s'est modifiée plus tard dans les termes où nous allons la formuler.

La Commission de Vaucluse (4 voix sur 5) s'est prononcée dans le sens du puceron *cause unique*; celle de l'Hérault s'est divisée dans ses conclusions, et la moitié de ses membres, moins affirmative, admet le puceron comme *cause active*, mais sous la réserve expresse d'autres causes générales [1], influant soit sur la vigne, soit sur la multiplication du puceron.

Nous allons rapporter aussi fidèlement que possible, sous sa forme contradictoire, l'argumentation motivée soutenue dans chacun des deux camps.

[1] Dans l'opinion de M. Planchon, ce qu'on appelle quelquefois *causes générales* serait mieux nommé *influences modificatrices*, et répondrait aux conditions de milieu, de tempérament, d'âge, qui donnent des allures particulières à la même affection, telle que la petite vérole, par exemple. M. Planchon voudrait réserver ici le nom de *cause* à l'action directe et prochaine de laquelle on voit résulter comme effet la mort de la vigne.

Opinion soutenue par MM. Bazille, Planchon, Sahut et Vialla. — « Nos recherches et nos observations nous » ont donné la certitude que le Phylloxera tue la souche, » comme le puceron souterrain des racines de la laitue » tue cette plante, comme le puceron lanigère épuise le » pommier. Supprimez ces insectes, et vous conserverez » les plantes qu'ils attaquent et dont ils sont les destruc- » teurs. Nous ne nions pas néanmoins, qu'il ne puisse » exister des influences ou des conditions particulières » qui soient de nature à activer ou à ralentir la destruc- » tion de la vigne par le puceron ; mais quand la vigne » est attaquée par d'autres parasites, la Pyrale, la Co- » chylis, l'Eumolpe ou l'Altise, nous poursuivons uni- » quement l'insecte, et cela suffit pour rendre à la vi- » gne la viguear que ses attaques lui enlevaient. »

Opinion soutenue par MM. Daube, E. Duffour, Golfin et Marès. — « Nous admettons avec vous que le Phyl- » loxera est la cause visible du mal, et qu'il constitue » avec la pourriture des racines le caractère spécial de » la maladie ; mais nous admettons aussi les causes gé- » nérales qui agissent sur la vigne et la prédisposent » aux atteintes de l'insecte. Ces causes sont pour nous » les influences des milieux, c'est-à-dire celles qui dé- » pendent principalement des intempéries et du terrain.

» Pourquoi alors circonscrire les recherches sur un » seul point, par lequel elles ne pourront peut-être pas » aboutir ?

» L'agrologie, qui traite de l'influence des milieux

» dans lesquels végète la plante, pour être encore au
» berceau, ne nous promet-elle pas déjà d'importantes
» et de sérieuses révélations, et les doutes et les tâtonnements
» d'aujourd'hui ne seront-ils pas peut-être les
» éléments de la science qui sera fondée demain?

» La grande difficulté, sinon l'impossibilité de détruire
» le puceron nous paraît évidente; n'est-il pas
» naturel alors de chercher à l'atteindre par d'autres
» voies, et le fait relevé chez M. Faucon, s'il est confirmé,
» n'ouvrirait-il pas des aperçus nouveaux sur la
» question obscure encore, mais bien certaine, de l'influence
» des terrains?

» C'est donc dans les conditions de sol, de climat,
» de température, de cépage, que nous croyons pouvoir
» peut-être trouver l'indication des moyens préventifs
» ou curatifs, sans négliger toutefois les moyens qui
» peuvent atteindre l'insecte. Nous ne prétendons pas
» néanmoins remonter jusqu'à la cause initiale, ce qui
» nous conduirait à l'examen de théories que nous ne
» devons point aborder ici. »

Portée sur ce terrain, la discussion reste sans issue, car elle touche aux questions philosophiques les plus abstraites et de l'ordre le plus élevé, et ce serait ressusciter les éternelles et opiniâtres disputes de la scolastique que d'y persister.

Du reste, comme il arrive toujours dans les recherches faites consciencieusement et de bonne foi, à mesure qu'elles se sont éclairées, les opinions ont perdu ce qu'elles avaient d'extrême et de radical dès le principe pour aboutir au simple dissentiment que nous venons d'exposer. Si faible que soit la ligne qui les sépare encore, nous avons dû la laisser en saillie ; elle attestera, du moins, que la Commission a cherché à pénétrer aussi profondément que possible au cœur des études qui lui étaient confiées, et qu'elle ne s'est arrêtée et divisée qu'au seuil de cette science mystérieuse et indéfinie qu'on appelle *la causalité*.

Revenons donc, en nous résumant, à un ordre d'idées plus pratiques.

Une année avait été donnée à la Commission pour faire connaître le résultat de ses études.

Une année, cette mesure divisionnaire du temps, longue par rapport à la durée de la vie humaine, se trouve bien courte pour des études qui exigent souvent le concours de plusieurs générations ; mais avec la vaste diffusion des connaissances et l'action énergique de la publicité, deux des forces les plus puissantes de l'époque où nous vivons, on va vite, et en somme, l'année qui vient de s'écouler n'aura pas été infructueuse pour les recherches qui nous étaient confiées.

Les caractères spéciaux de la maladie ont été déterminés ; les symptômes et les signes qui l'accompagnent ont été fixés, les mœurs de l'insecte étudiées, ses moyens de reproduction et de propagation en partie découverts ; enfin, les nombreux insuccès de guérison ont été signalés pour détourner de stériles recherches par les mêmes moyens.

Ce n'est pas néanmoins sans un profond sentiment de regret que la Commission doit constater n'avoir rien à indiquer de certain sur le point capital qui était l'objet de ses travaux : la découverte positive d'un moyen curatif ou tout au moins palliatif.

Sous ce rapport donc, elle ne peut répondre comme elle l'aurait désiré à l'attente de M. le Ministre et des viticulteurs.

En se séparant, chacun de ses membres va reprendre individuellement et à son point de vue les investigations qu'il croira pouvoir le conduire plus directement à ce but si ardemment désiré. Il sera soutenu dans ses efforts par l'opiniâtreté que donne l'amour de la science et le dévouement qu'il est de devoir d'apporter dans des questions auxquelles se rattachent de grands intérêts.

Ont signé : MM. H. MARÈS, Président;
E. DUFFOUR, Rapporteur;
GOLFIN, DAUBE, PLANCHON,
G. BAZILLE, SAHUT, VIALLA.

RÉPONSE AUX QUESTIONS

Posées par Son Exc. M. le Ministre de l'Agriculture et du Commerce, sur la nouvelle maladie de la vigne (Lettre de novembre 1868).

Réponses faites par MM. Marès, Golfin, Daube et Duffour, membres de la Commission départementale de l'Hérault.

1re Question. — *Le mal est-il produit par les ravages du puceron, dont la présence a été constatée sur les souches atteintes?*

Réponse. — Le mal nous paraît, en effet, produit par le puceron, mais sous la réserve expresse des causes générales qui tendent, soit à affaiblir la vigne, soit à multiplier le puceron.

On sait que les naturalistes sont d'accord pour reconnaître que le développement des parasites dépend le plus souvent d'un état morbide antérieur des sujets, et que là se trouve la phase initiale du mal. Les parasites, lorsque leur nombre devient excessif, sont d'ailleurs susceptibles d'attaquer des individus bien portants.

2me Question. — *Le puceron, au contraire, n'apparaîtrait-il pas sur des souches déjà altérées par quelque cause morbide préexistante, et ne viendrait-il pas comme auxiliaire de celle-ci pour compléter ou hâter la mort du végétal?*

Réponse. — Si le puceron envahit et détruit certaines vignes, et s'il en respecte d'autres plus ou moins voisines, c'est qu'il ne trouve pas sur celles-ci les conditions d'existence que lui offrent les premières. On peut donc en conclure que les vignes envahies se trouvent dans des conditions qui les prédisposent à être attaquées.

Les conditions qui dépendent de l'influence des milieux : sol, climat, intempéries, cépages, etc., ne laissent pas toujours apparaître des altérations ou un état morbide déterminé. Elles n'en agissent pas moins concurremment avec le puceron, pour amener la mort du végétal.

3me Question. — *Le puceron est-il partout le même?*

Réponse. — Le puceron nous semble être le même partout; mais il en existe, peut-être, différentes espèces ou tout au moins des variétés, selon les localités. Cette question ne pourra être résolue tant que de différents côtés des entomologistes spéciaux ne se seront pas prononcés.

4me Question — *Quel est ce puceron, quelles sont ses habitudes, et quels sont les moyens de le détruire ou de l'éloigner des souches des vignes?*

Réponse. — Jusqu'à présent M. Planchon s'est chargé de l'étude de cet insecte. Beaucoup de moyens de le détruire ont été proposés, mais on ne connaît encore avec certitude l'efficacité pratique d'aucun d'eux.

5me Question. — *Si une cause première, encore incon-*

nue, attirait le puceron, l'étudier et faire connaître les moyens d'en écarter l'apparition et la propagation?

Réponse. — S'il existe une cause première, elle est encore inconnue, comme celle de la plupart des fléaux qui de tout temps ont frappé les êtres vivants, à quelque règne et à quelque classe qu'ils appartiennent.

6me Question — *Quelle influence paraît avoir pour l'apparition, et sur le développement de la marche de la maladie :*

Le climat, le sol, l'état de la température, les engrais donnés au sol?

Réponse. — *Le climat.* Le puceron s'est surtout développé sous le climat du Comtat et de la Provence, mais on le trouve aussi sous celui du Bordelais. On ne l'a pas trouvé, que nous sachions, autre part.

Les différents climats, considérés dans les éléments qui les constituent, paraissent de nature à exercer une influence notable sur la maladie ; mais, pour préciser cette influence, il faut des observations multipliées qui font encore défaut.

Le sol. Les sols imperméables, à couches minces ou peu profondes, comme les grands plateaux et les coteaux de cailloux roulés du diluvium alpin de la rive gauche du Rhône ; les sols bas et humides, à fonds bourbeux et marécageux (Palus), anciens lits d'étangs ; les sols qui reposent sur les argiles, les tufs et les poudingues ; ceux qui sont sujets à la fois aux sécheresses et aux humidités, sont particulièrement atteints et envahis.

Les sols perméables, drainés de leur nature, en terre

franche, ordinairement ressuyés, sont ceux dont les vignes ne sont pas envahies ou qui résistent à l'invasion.

L'état de la température paraît agir sur la maladie. En effet, sa grande expansion a coïncidé avec l'apparition simultanée de froids excessifs et d'une sécheresse tout à fait anormale en 1868. Le périmètre envahi à cette époque n'a pas sensiblement augmenté en 1869, mais la maladie a pullulé, il est vrai dans ce périmètre; elle ne s'est pas étendue aux contrées voisines, telles que la nôtre, qui ont été en dehors de l'invasion de 1868.

Dans les localités envahies, les ceps fendus et éclatés par les grands froids ont été généralement attaqués et ont succombé.

Jusqu'à présent l'action des hautes températures a été moins observée.

Le mode de culture de la vigne. Généralement les vignes les mieux cultivées et entretenues, ainsi que les vignes soufrées, sont celles qui résistent le mieux. Cependant dans les terrains de cailloux roulés, à sous-sol imperméable, et dans ceux de palud, à fonds plus ou moins marécageux, la culture n'a pas sauvé les vignes.

Les amendements et les engrais. Jusqu'à présent on n'est pas encore fixé sur leur action; mais il y a lieu de croire que les recherches poussées dans cette voie pourront amener de bons résultats.

La diffusion si brusque et si rapide de la maladie, sa lenteur à sortir du périmètre envahi en 1868, nous font espérer (sans que ce soit un motif de ralentir les recherches de guérison) que sa disparition pourra être aussi subite que son apparition a été inattendue.

Ont signé : MM. MARÈS, DUFFOUR, DAUBE, GOLFIN.

RÉPONSES FAITES PAR MM. PLANCHON, L. VIALLA, SAHUT, GASTON BAZILLE.

1re QUESTION. — *Le mal est-il produit par les ravages du puceron dont la présence a été constatée sur les souches atteintes ?*

RÉPONSE. - Oui.

2me QUESTION. — *Le puceron, au contraire, n'apparaîtrait-il pas sur des souches déjà altérées par quelque cause morbide préexistante, et ne viendrait-il pas comme auxiliaire de celle-ci pour compléter ou hâter la mort du végétal ?*

RÉPONSE. – Non.

3me QUESTION. — *Le puceron est-il partout le même ?*

RÉPONSE. — Oui.

4me QUESTION. — *Quel est ce puceron, quelles sont ses habitudes, et quels sont les moyens de le détruire ou de l'éloigner des souches des vignes ?*

RÉPONSE. — Voir les mémoires déjà publiés.

5me QUESTION. — *Si une cause première, encore incon-*

nue, attirait le puceron, l'étudier et faire connaître les moyens d'en écarter l'apparition et la propagation?

Réponse. — Rien ne nous autorise à dire qu'il y ait une cause *bien précise* expliquant l'apparition première du puceron.

6me Question. — *Quelle influence paraît avoir pour l'apparition et sur le développement de la marche de la maladie :*

Le climat, le sol, l'état de la température, le mode de culture de la vigne, les amendements et les engrais donnés au sol?

Réponse. — *Le climat.* On n'a encore constaté la présence du puceron que dans le climat méditerranéen et dans le climat girondin.

Le sol. Nous avons vu le puceron dans des terrains de nature très-différente (siliceux, argilo-siliceux, argilo-calcaires, terres maigres de garrigue, alluvions profondes et fertiles).

La maladie, néanmoins, paraît sévir avec une intensité plus grande dans les cailloux roulés du diluvion et sur les terrains maigres. M. Faucon nous a montré chez lui un exemple d'immunité remarquable dans une bande de terrain imprégnée de chlorures alcalins.

L'état de la température. Rien n'a pu démontrer jusqu'ici quelle influence auraient pu ou pourraient avoir des températures extrêmes sur l'apparition ou sur le développement de la maladie.

Le mode de culture. Nous n'avons pas de données

biens certaines à ce sujet. Le Phylloxera se trouve en aussi grand nombre sur les vignes bien cultivées que sur celles qui le sont mal ; mais les premières résistent plus longtemps aux attaques de l'insecte.

Les amendements et les engrais. Les expériences ne sont pas encore assez nombreuses ni assez concluantes pour qu'on puisse donner une réponse catégorique. Il semble, toutefois, que le soufre et le fumier mélangé, employé chez M. Desplan, près de Gigondas, ont produit de bons effets. M Faucon, à Graveson, paraît se bien trouver de l'emploi d'engrais alcalins, et M. Léenhardt; à Sorgues, conserve à ses vignes attaquées par le Phylloxera une certaine vigueur, par l'emploi du fumier et des engrais fortement azotés.

Ont signé : MM. PLANCHON, L. VIALLA,
SAHUT, G. BAZILLE.

www.ingramcontent.com/pod-product-compliance
Ingram Content Group UK Ltd.
Pitfield, Milton Keynes, MK11 3LW, UK
UKHW021043260726
13994UKWH00005B/2325

9 782329 439129